Jens Magenheimer

Windkanaltechnik. Aufbau und Vergleich der verschiedenen Windkanalbauarten

GRIN Verlag

Bibliografische Information der Deutschen Nationalbibliothek:

Die Deutsche Bibliothek verzeichnet diese Publikation in der Deutschen National-
bibliografie; detaillierte bibliografische Daten sind im Internet über http://dnb.d-
nb.de/ abrufbar.

Impressum:

Copyright © 2006 GRIN Verlag GmbH
Druck und Bindung: Books on Demand GmbH, Norderstedt Germany
ISBN: 978-3-640-14057-2

Dieses Buch bei GRIN:

http://www.grin.com/de/e-book/113821/windkanaltechnik-aufbau-und-vergleich-
der-verschiedenen-windkanalbauarten

Windkanaltechnik
-
Aufbau und Vergleich der Windkanalbauarten

Autor:
Dipl.-Ing. Jens Magenheimer, MBA

0. Vorwort

Es steht nicht einwandfrei fest, wer den ersten Windkanal gebaut hat; wahrscheinlich deshalb, weil man schon lange vor dem Bau des ersten Windkanals aerodynamische Versuche durchgeführt hat. Und vermutlich entstand aus primitivsten Einrichtungen das, was wir heute als Windkanal bezeichnen. Man braucht nämlich nur einen Axialventilator dafür und eine Messstrecke dafür.

Pioniere bzw. einer der ersten Windkanäle wurde 1871 in England von F.H. Wenham und J. Browning gebaut um Flugzeugkonturen zu untersuchen. In Frankreich wurde 1890 von Etienne-Jules Marey ein einfacher Kanal gebaut um Strömungsuntersuchungen mittels eingebrachten Rauches an verschiedenen Konturen durchzuführen. 1899 wurde ein Kanal gebaut um die Umströmung an einer Lokomotive – damals das schnellste Fahrzeug- zu untersuchen.

 1901 wurde von den Wright Brüdern in Dayton-Ohio ein Windkanal eigene Konstruktion gebaut, um ebenfalls Flügeluntersuchungen durchzuführen. [20]

1908-1912 entstanden die ersten Automobil-Windkanäle. Der Grundgedanke ihrer Erfindung war, **dass es gleichgültig ist, ob man einen Körper relativ zur Luft bewegt oder umgekehrt die Luft relativ zu einem Körper strömen lässt.** Für ein Kraftfahrzeug gilt das in der Regel nicht exakt! Denn in der Natur bewegt sich der Kraftwagen relativ zur Straße und zur Luft, während sich im Windkanal die Luft relativ zum Fahrzeug und zur Straße bewegt. Wenn man auch hier absolut naturgetreu sein will, sind Zusatzeinrichtungen nötig, die jedoch sehr aufwendig sind und oft zu anderen Verfälschungen führen. In dieser Ausarbeitung werden nicht nur die verschiedenen Winkanalbauarten verglichen sondern die jeweilig benötigten Zusatzeinrichtungen erörtert.

*) Quellen Bilder = Quellen Text

Inhaltsverzeichnis

1.0 Windkanalbauarten

Die Grundkonstruktion aller Windkanäle besteht aus einer Meßstrecke, wo der Prüfling untergebracht werden kann, einem Luftgebläse und einer Kfz-Plattformwaage. Allerdings unterscheiden sich diese Windkanäle nach der Art der Luftführung.

 So baut Prof. Ludwig Prandtl (1875-1953) in der Universität Göttingen den ersten deutschen Windkanal (geschlossene Rückführung) [1],
*)

 der Architekt Alexandre-Gustave Eiffel (1832-1923), der auch den Eifelturm konstruiert hat, den ersten französischen (offene Rückführung) [2],
*)

NPL im NPL-Institute (National Physical Laboratory) in England wurde der erste
*) britische Kanal gebaut und schließlich seit Mitte der 70er Jahre wurde im Institute Aerotechnique von Saint-Cyr bei Versailles in Zusammenarbeit mit der SESSIA (Gesellschaft zur Entwicklung, Konstruktion und Instandhaltung von Windkanälen und aerodynamischer Anlagen) ein vollkommen neues Windkanalprinzip realisiert [3].

Es handelt sich um verschiedene Bauarten, die heute noch als:

- Göttinger
- Eiffel-
- NPL- oder englische
- SESSIA-

Bauart bekannt sind und in gleicher Grundform immer noch gebaut werden. Die Baupreise fangen ab 10Mio. Euro und die Betriebsstundenpreise ab ca. 2000€ pro Stunde aufwärts an. Dazu kommt der enorme Energiebedarf, der bei 1:1-Kanälen niederer Geschwindigkeit (bis 75 m/s) bei einigen 1000 KW und bei mittlerer Geschwindigkeit (bis 150 m/s) bei einigen 10000 KW liegt. [4] Allen vier Bauarten sind Vor- und Nachteile eigen, die quantitativ nur im konkreten Anwendungsfall gegeneinander aufgewogen werden können.

*) Quellen Bilder = Quellen Text

1.1 Göttinger Bauart

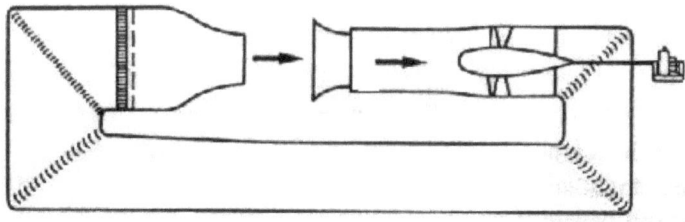

Bild 1 Windkanal Göttinger Bauart (geschlossene Rückführung)[5]

Aufbau und Funktion dieser Bauweise gehen aus dem Bild 1 hervor. Hier handelt es sich um einen Kanal mit geschlossener Luftrückführung. Das Axialgebläse fördert die Luft im geschlossenen Kreislauf. Man benötigt dafür eine relativ aufwendige Kanalröhre, die im Rechteck angeordnet ist und besonders in der Rückführung relativ große Strömungsquerschnitte erfordert. Die komplizierte Konstruktion, der enorme Platzaufwand und die hohen Baukosten sind als Nachteile gegenüber der offenen Bauart ohne Rückführung zu verzeichnen.

Da die vom Gebläse erzeugte Luftströmung wieder nach einem Umlauf zum Gebläse gelangt, hat dieser Kanaltyp kleine Energieverluste und erlaubt hohe Windgeschwindigkeiten. Da vom Gebläse nur die entstehenden Verluste aufgebracht werden müssen, ist die Antriebsleistung entsprechend geringer als bei offener Bauart ohne Rückführung und ermöglicht niedrigere Betriebskosten. Einmal wegen des geringeren Energieverbrauchs selbst, zum anderen wegen der geringeren Stromanschlusskosten, die bei größeren Windkanälen zu buche schlagen. Die Investitionen für die Antriebseinheit sind geringer, für die Röhre des , Kanals jedoch wesentlich höher als bei der reinen Eiffelbauart [5].

Die Modelle werden in der Automobiltechnik vorwiegend aus Plastilin gefertigt; dieses verliert bei höherer Temperatur seine Festigkeit. Deshalb muss bei geschlossener Rückführung der Luft, wegen der durch die Luftreibung unvermeidlichen Aufheizung, ein Kühler vorgesehen werden, welcher die Lufttemperatur und die Luftfeuchtigkeit in konstanten Grenzen hält, auch wenn er nicht als Klimawindkanal ausgelegt ist. Der

Druckverlust des Kühlers seinerseits erfordert zusätzliche Antriebsleistung; ein Teil des Vorteils einer niedrigen Antriebsleistung geht damit wieder verloren [5].

Für klimatisierte Windkanäle kommt wegen der Energiekosten nur eine Bauart mit Rückführung in Betracht; Klimakanäle wurden bisher ebenfalls nur in der Göttinger Bauweise ausgeführt. Die eigentliche Messstrecke kann im Gegensatz zur offnen Bauart beliebig ausgeführt werden, d.h. es wird keine Druckkammer benötigt.

1.2 Eiffel-Bauart

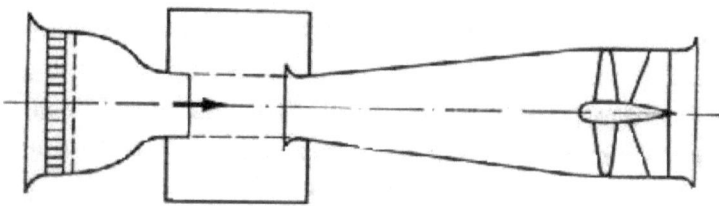

Bild 2 Eiffel-Bauart [5]

Das Hauptmerkmal des Eiffelkanales besteht darin, dass er die Versuchsluft aus der Umgebung ansaugt und sie wiederum ins Freie ausbläst. Man unterscheidet hier zwei Ausführungen je nach Lage des Gebläses in der Kanalröhre. Zum einen ist das Gebläse hinter der Messstrecke (**blast type**) zum anderen vor der Messstrecke (**blow type**) angebracht. Die Messstrecke kann als geschlossene oder als offene (Freistrahlmessstrecke) ausgeführt werden. Am einfachsten ist eine mit leicht divergierenden Wänden allseitig geschlossene Messstrecke aufzubauen. Bei etwas höherem Bauaufwand ist auch eine offene Bauweise möglich. Hierbei ist aber eine druckdichte Ummantelung nötig, da in der Messstrecke eines Eiffelkanals stets Unterdruck herrscht. [6]

Dieser im freien aufgestellte Kanaltyp, also ein Kanal ohne Rückführung, hat den wesentlichen Nachteil, dass der Messbetrieb vom Wetter abhängig ist. Er ist deshalb nur in Ländern mit gemäßigtem klima brauchbar. Besondere Schwierigkeiten bereitet es, bei einem aus dem Freien ausgehenden Eiffelkanal, die Qualität der Strömung in der Messstrecke vom Einfluss des natürlichen Windes freizuhalten. So ist es von einem großen Eiffelkanal der Automobilindustrie bekannt geworden, dass im Schnitt pro Woche ein Messtag wegen ungünstiger Windverhältnisse verloren geht. Netze vor dem Einlauftrichter, die man benötigt um zu verhindern, dass mit der Luft Gegenstände (z.B. Steine, Blätter, Vögel, etc.) angesaugt werden, reichen nur bei geeigneter Auslegung den Windeinfluss auszuschalten [7].

Der reine Eiffelkanal benötigt mehr Energie für die gleiche Strahlleistung, als ein Kanal mit geschlossener Rückführung. Weitere Nachteile sind: die schwankende Temperatur während der Messung und die Lärmbelästigung der Umwelt. Deshalb werden Eiffelkanäle heute nur noch selten gebaut, da auf Grund der Schallschutzauflagen ein sehr hoher Aufwand für die saug- und druckseitigen Schallschutzmaßnahmen betrieben werden muss.

Für den Eiffelkanal spricht seine einfache Konstruktion bzw. kostengünstige Bauweise. Bläst er ins Freie, so kann auf Abgasabsaugung bei Versuchen mit laufenden Fahrzeugmotoren verzichtet werden.

1.3 Mischbauarten

Neben den oben beschriebenen Varianten sind zwei Bauarten entwickelt worden, die zwischen diesen beiden einzuordnen sind. Sie wurden als Einzelplanungen für bestimmte Randbedingungen, wie beschränkter Bauraum oder Einbau in ein vorhandenes Gebäude ohne äußere Umbauten entworfen.

1.3.1 Windkanal der NPL- oder englischen Bauart

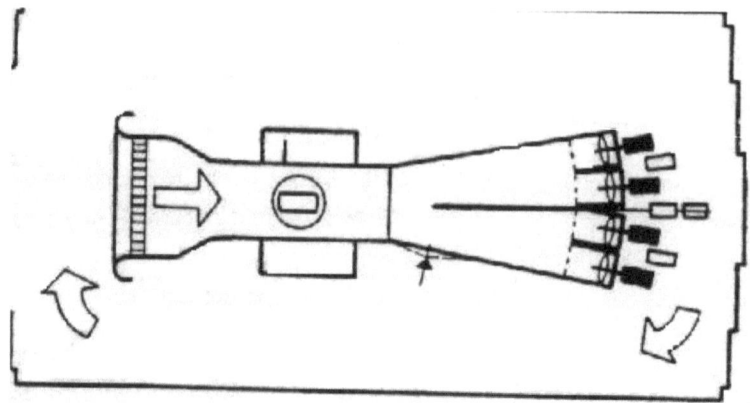

Bild 3 NPL- oder englischer Bauart [5]

In Bild 3 ist die NPL- oder englische Bauart dargestellt. Hier handelt es sich um einen Eiffelkanal, der in einer Halle aufgebaut ist. Dabei wird die Luft innerhalb des Gebäudes, welches den ganzen Windkanal umschließt, vom Auslaßdiffusor zum Einlasstrichter zurückgeführt. Bei neueren Kanälen dieser Kategorie ist die umgehende Halle so konstruiert, dass sie eine möglichst verlustfreie Rückführung der Luft ermöglicht (s. Bild 4). [8],[9]

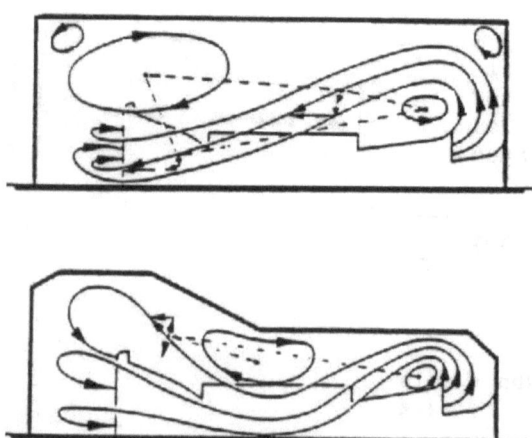

Bild 4 Windkanal der NPL- oder englischer Bauart mit verlustfreier Rückführung

Kanäle englischer Bauart sind besonders von den Kosten her interessant, wenn eine vorhandene Halle preisgünstig erworben werden kann.

1.3.2 Windkanal der SESSIA-Bauart

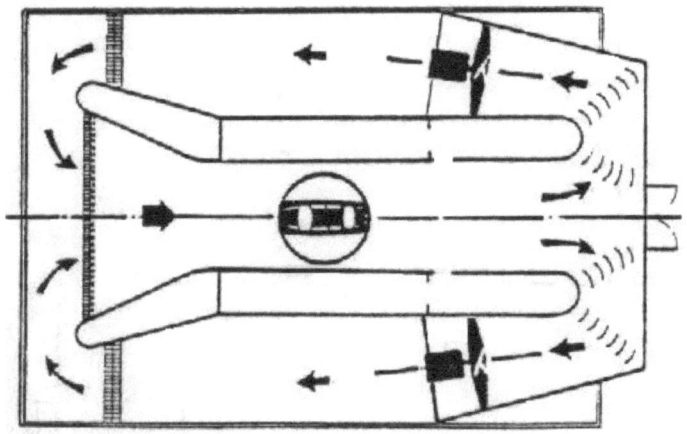

Bild 5 Windkanal der SESSIA-Bauart [5]

Die letzte gängige Kanalvariante, nämlich die SESSIA-Bauart, ist in Bild 5 dargestellt. Sie wurde erstmalig geplant und realisiert von der SESSIA (Societe d'Etudes de constructions et de Services pour Souffleries et Installations Aerothermodynamiques) in St. Cyr bei Paris. Im Gegensatz zum klassischen Göttinger Prinzip verfügt dieser Windkanaltyp über zwei Gebläse und zwei Luftrückführungswege zu beiden Seiten der Messstrecke. Auch diese wurde den besonderen Verhältnissen angepasst. [10]

Der große Vorteil dieser Gestaltung liegt in der kompakten flächen- und raumsparenden Bauweise, sowie in der Möglichkeit, wesentliche Teile des Gebäudes selbst für die Luftführung heranzuziehen. Neben den geringen Baukosten sind die, gegenüber einem Göttinger System gleicher Leistung, erheblich niedrigeren Betriebskosten als weiteren Vorteil zu nennen.

1.4 Sonderbauarten

Abschließend zum Thema Windkanalbauarten muss noch kurz auf die zwei Sonderbauarten aeroakustischer Kanal bzw. Thermowindkanal eingegangen werden.

1.4.1 Aeroakustischer Windkanal

Zweck dieser Kanäle ist es, aerodynamische Geräusche am Prüfling zu messen, wobei der Störpegel der Windkanalgeräusche so weit als technisch und wirtschaftlich möglich gesenkt werden muss.

Eine wesentliche Rolle bei der Auslegung der Schalldämpfermaßnahmen spielt die untere Grenzfrequenz, d.h. die tiefste Frequenz, bei der noch gemessen werden soll. Grundsätzliche Auslegungskriterien sind auch ein akustisch optimiertes Gebläse und eine aerodynamisch hochwertige Luftführung mit möglichst geringen örtlichen Geschwindigkeiten, ein Schalldämpfer zwischen Gebläse und Messstrecke und eine schallschluckende Auskleidung (Keile aus Mineral- oder Glaswolle) der Messhalle. Meistens werden folgende Anforderungen an Material und Art der Auskleidung gestellt: absolut unbrennbar, absolut staubfrei, widerstandsfähig gegen Luftströmungen bis zu 15 m/s. [10]

Generell kann gesagt werden, dass zwischen guten akustischen Eigenschaften und hochwertiger Aerodynamik ein enger Zusammenhang besteht.

1.4.2 Thermowindkanal

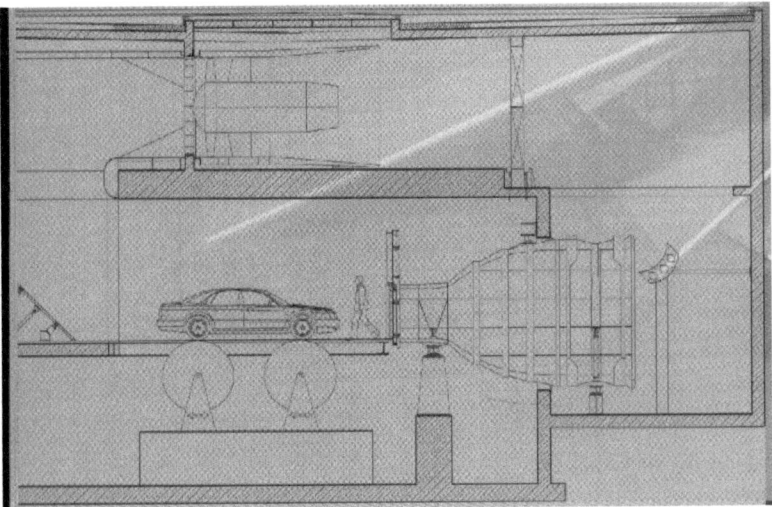

Bild 6 Thermowindkanal [11]

Im Gegensatz zum Aeroakustikwindkanal kreist hier der Luftstrom vertikal.

2.0 Automobilwindkanal

Vor Durchführung einer Straßenfahrt-Simulation ist es angebracht den Originalvorgang zu analysieren. Bild 7 zeigt ein Fahrzeug auf der Straße. Die für die Umströmung und die thermische Belastung maßgeblichen Einflussgrößen sind dargestellt.

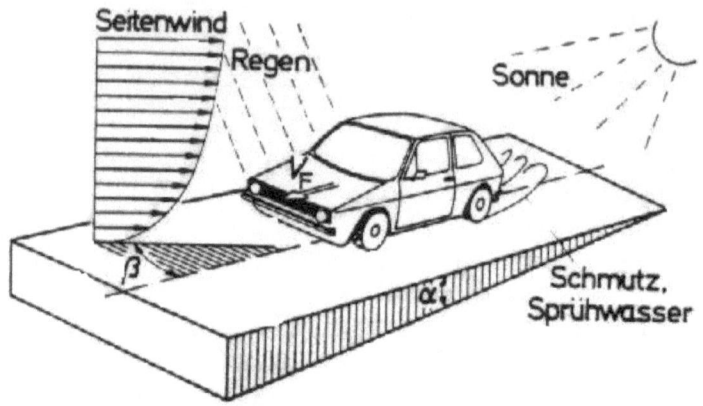

Bild 7 Das Fahrzeug in seiner realen Umgebung [12]

Zuerst sei die Strömung betrachtet. Das Strömungsfeld setzt sich aus zwei Feldern zusammen: das eine resultiert aus der Vorwärtsbewegung des Fahrzeuges, das andere wird vom natürlichen Wind gebildet. Dieses natürliche Windfeld hat, wie in Bild 7 angedeutet, Grenzschichtcharakter, es ergibt sich ein gestörtes Zuströmprofil. Durch die Böigkeit des Windes ändern sich dessen Geschwindigkeit und Anströmwinkel ständig. Die Bodengrenzschicht des Windes ist turbulent, wobei die Abmessungen der Turbolenzballen, von der gleichen Größenordnung wie die Länge eines Fahrzeuges sind. Im Relativsystem Fahrzeug wird die Böigkeit noch dadurch erhöht, dass das Fahrzeug durch Nachläufe von Gegenständen am Straßenrand, wie Brücken, Häuser, Baume, etc. und im Strömfeld voranfahrender oder entgegenkommender Fahrzeuge fährt.

Das Zuströmfeld zum Fahrzeug ist also in hohem Maße inhomogen und instationär. Es ist sehr viel komplexer als dasjenige eines Flugzeuges, welches in Reiseflughöhe fliegt. Die Anforderungen an die Strömungsqualität eines Automobilwindkanals dürfen daher nicht ohne weiteres aus der Flugtechnik übernommen werden.

Auch das Temperaturfeld über der Straße ist nicht in allen Fällen homogen. Bei intensiver Sonneneinstrahlung heizt sich die Fahrbahn gegenüber der Umgebungsluft beträchtlich auf; über der Fahrbahn bildet sich eine Temperaturgrenzschicht aus. Das Strömungs- und Temperaturfeld auf der Strasse, lassen sich im Windkanal nur in stark idealisierter Form darstellen. Angestrebt werden homogene Felder.

Die erforderliche Leistung einer Klimaanlage eines Fahrzeuges hängt ganz wesentlich von der Sonnenstrahlung und von der Diffusstrahlung ab. Die Sonnenstrahlung wird, was das Spektrum und die Richtung anbetrifft, in vereinfachter Form im Windkanal nachgebildet. Die Diffusstrahlung bleibt dabei unberücksichtigt.

Um den Verlauf des Regen- und Spritzwassers auf der Karosserie geeignet zu gestalten wird ein erheblicher konstruktiver Aufwand getrieben. Das gleiche gilt auch um die Ablagerung von aufgewirbelten Schmutz- nass oder trocken- sowie Schnee zu vermeiden bzw. auf Gebiete zu beschränken die aus Sicherheitsgründen unbedenklich sind. Die Darstellung des Regens im Windkanal ist verhältnismäßig einfach. Die Simulation der mit der Verschmutzung zusammenhängenden Strömungsvorgänge ist dagegen nur unvollkommen möglich, vor allem weil die Relativbewegung zwischen Fahrzeug und Straße und die Raddrehung im Windkanal nur mit erheblichen Aufwand reproduziert werden können. [12]

2.1 Die Aufgabengebiete der Fahrzeugaerodynamik

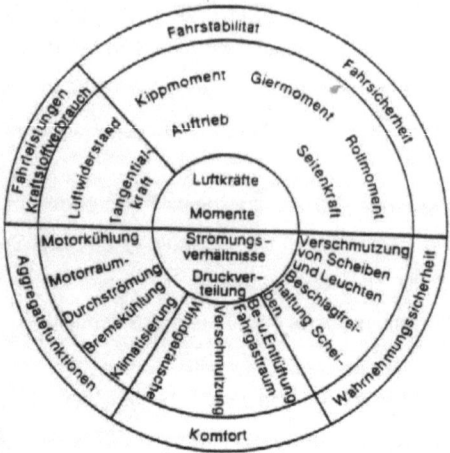

Bild 8 Die Aufgabengebiete der Fahrzeugaerodynamik [12]

Die Fahrzeugaerodynamik lässt sich hinsichtlich ihrer Zeilsetzung und bezüglich ihrer Anforderungen an die Simulationstechnik, wie oben, in folgende Kategorien einteilen, die sowohl für Pkw als auch für Nfz gültig sind. Sie sind in Bild 8 zusammengestellt.

2.2 Forderungen zur optimalen Messung

Die Grundforderung, die zu stellen ist, gilt für alle Arten von Versuchseinrichtungen: Mit dem geringsten Aufwand sollen Ergebnisse erzielt werden, die mit den tatsächlichen Verhältnissen übereinstimmen, ihnen sehr nahe kommen oder auf einfache Weise auf sie umgerechnet werden können.

Generell müssen eine Anzahl von Forderungen erfüllt werden, um einwandfreie Messungen zu erzielen, wobei gewisse Einschränkungen je nach Messobjekt zulässig sind. Einzuhalten sind:

-   Die Windgeschwindigkeit, entsprechen der Fahrgeschwindigkeit

- Eine gleichmäßige Geschwindigkeitsverteilung über den ganzen Querschnitt (zeitlich und räumlich)
- Der Strahlwinkel
- Ein konstanter statischer Druck über die Länge der Messstrecke
- Ein geringer Turbolenzgrad (hier können bei bodennahen Fahrzeugen Zugeständnisse gemacht werden)
- Ein geringer Boden- und Wandeinfluss
- Temperaturkonstanz während einer Messung

3.0 Messstrecke

Die Größe eines Windkanals wird in erster Linie durch die Hauptabmessungen der Messstrecke gekennzeichnet. Diese werden bestimmt durch die erforderliche Querschnittsfläche des Windkanalstrahles und die nutzbare Länge der Messstrecke. Durch die Art der Windkanalkonstruktion und durch empirische Korrekturen wird versucht, die Automobilwindkanäle möglich klein auszuführen.

Das Verhältnis der Stirnfläche des Fahrzeuges zur Strahlenquerschnittsfläche, auch Versperrungsverhältnis genannt, soll möglichst klein sein, wenn die Umströmung des Fahrzeuges im Windkanal derjenigen auf der Straße gleichen soll. Deswegen fordert man in der Fahrzeug-Aerodynamik eine Begrenzung dieses Verhältnisses auf 0,05 (maximal 0,1). Geht man bei einem Pkw von einer Stirnfläche von 1,85 m² aus (europäischer Mittelklassewagen), so kommt man zu einem erforderlichen Düsenquerschnitt von 37 m². Von den in der Fahrzeugtechnik eingesetzten Automobilwindkanälen erfüllen diese Forderung allerdings nur ganz wenige. Vergleichsmessungen zwischen Windkanälen verschiedener Größe, lassen jedoch den Schluß zu, dass in der Automobilaerodynamik eine viel größere Versperrung zugelassen werden kann. [12], [13]

In Bild 9 werden nach Art ihrer Berandung vier Messstrecken unterschieden. Allen gemeinsam ist in der Fahrzeugaerodynamik der ebene Boden, der die Fahrbahn darstellt.

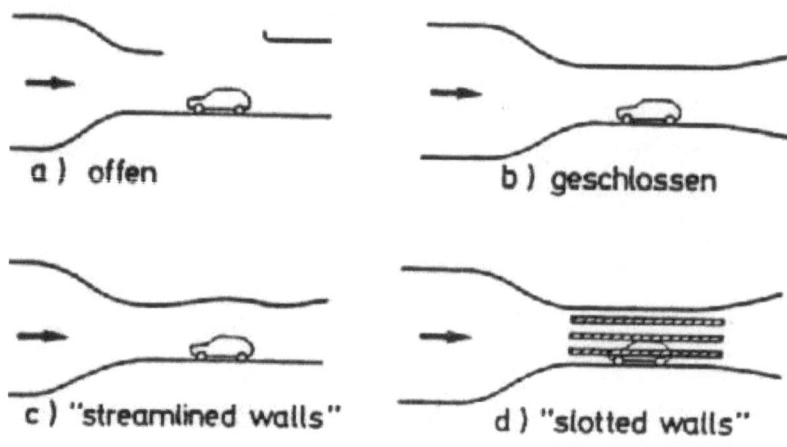

a) offen

b) geschlossen

c) "streamlined walls"

d) "slotted walls"

Bild 9 Bauart von Messstrecken in Fahrzeug-Windkanälen [5]

3.1 Offene Messstrecke

Bei der offenen oder Freistrahlmessstrecke (Bild 9a) ist die übrige Strahlberandung frei. Dort vermischt sich die Luft des Messstrahles mit der ruhenden Umgebungsluft wie beim Freistrahl. Diese Vermischung führt zu einer Verkleinerung des „Strahlkerns", in dem die gewünschte Anströmgeschwindigkeit herrscht, wodurch die nutzbare Länge der Messstrecke begrenzt wird. Diese beträgt bei Freistrahlmessstrecken dementsprechend das 1,5- bis 2,5 fache des Düsendurchmessers.

Der große Vorteil der offenen Messstrecke liegt darin, dass bei richtig angepassten Auffangtrichter der Gradient des statischen Druckes längs der Kanalachse vernachlässigbar klein ist, was bei Fahrzeugen den „unechten Widerstand" (Schwimmwiderstand oder buoyancy effect) gering hält. [5]

In der offenen Messstrecke können die Stromlinien einem Fahrzeug ungehinderter ausweichen als im unendlichen Strömungsfeld der freien Atmosphäre. Das bedeutet, dass der gemessene Luftwiderstandsbeiwert normalerweise zu klein ist und Korrekturen erforderlich sind. Diese „Versperrungskorrektur" ist jedoch in der Regel geringer als in einer geschlossenen Messstrecke.

Die Schräganströmung (Seitenwind) ist in einer offenen Messstrecke naturgetreuer zu simulieren als in einer geschlossenen. Andererseits liegt bei gleichem Strahlquerschnitt der Leistungsbedarf einer geschlossenen Messstrecke nur bei ca. 75% desjenigen einer offenen.

Schließlich erleichtert die offene Messstrecke durch gute Zugänglichkeit das Experimentieren und das Herstellen von Strömungsaufnahmen. Nachteilig sind der höhere Verlustbeiwert des Freistrahles und die ungehinderte Schallabstrahlung. Bei Klimakanälen mit Freistrahlmessstrecke muss die die Messstrecke umgebende Halle (Plenum) in den klimatisierten Bereich miteinbezogen werden. [5], [13]

3.2 Geschlossene Messstrecke

Der Vorteil der geschlossenen Messstrecke (Bild9 b), liegt in ihrer großen nutzbaren Länge und in ihren hohen erreichbaren Windgeschwindigkeiten. Der Strahlkern wird nach mit der Lauflänge in der Kanalströmung sehr viel langsamer aufgezehrt (nach ca. 5 Düsendurchmessern) als bei einem Freistrahl. Der Reibungsverlust an den Wänden resultiert jedoch in einem Druckabfall längs der Strahlachse, womit die Geschwindigkeit im Strahl stetig ansteigt. Durch eine leichte Erweiterung des Kanalquerschnittes in Strömungsrichtung kann dieser Druckabfall kompensiert werden. Diese Kompensation ist jedoch nur für eine Konfiguration, z.B. für den Fall der leeren Messstrecke, korrekt. Für alle anderen Fälle gilt sie nur angenähert und muss gegebenenfalls rechnerisch korrigiert werden.

Ein wesentlicher Nachteil der geschlossenen Messstrecke in ihrer Empfindlichkeit gegen Versperrung. Hierbei werden die dem Fahrzeug seitlich und nach oben ausweichenden Stromlinien von den festen Berandungen der Messstrecke behindert. Das ergibt eine andere Fahrzeugumströmung als auf der Straße und führt zu Luftwidersandmessungen die zu hoch liegen und durch Korrekturfaktoren Kompensiert werden müssen. Die Versperrungskorrektur ist dem Betrage nach etwa doppelt so groß, wie beim Freistrahl. Bei großem Schiebewinkel kann es zudem durch die große Strahldeformation zu Ablösungen an den Windkanalwänden kommen. [5], [13]

3.3 Streamlined Walls

Eine Möglichkeit, den Nachteil der großen Versperrungskorrektur der geschlossenen Messstrecke zu überwinden, ist der stromlinienförmige Aufbau der Messstreckwände (Bild 9.0 c). Bei dieser Lösung geht man davon aus, dass das Stromlinienbild in einer gewissen Entfernung vom Fahrzeug (Fernfeld), von dessen einzelnen Formdetails nicht mehr so stark abhängt. Es wird vielmehr von den Hauptparametern Länge, Höhe und Breite des Fahrzeuges geprägt. Diese Hauptabmessungen unterscheiden sich beim Pkw nur in gewissen Grenzen. Bildet man so die Kanalwände entsprechend dem Stromlinienverlauf eines Mittelklassewagens im unendlichen Raum aus, wird sich die Umströmung der kleineren und größeren Fahrzeuge nur wenig unterscheiden. Ein Vergleich von Strömungsbildern, bei denen die Stromlinien mittels eingebrachten Rauches sichtbar gemacht wurden, bestätigt sich diese Ansicht. Wie Bild 10.0 zeigt, ist schon bei einer Höhe von etwa 2 m über der Fahrbahn der Stromlinienverlauf unterschiedlicher Fahrzeuge sehr ähnlich.

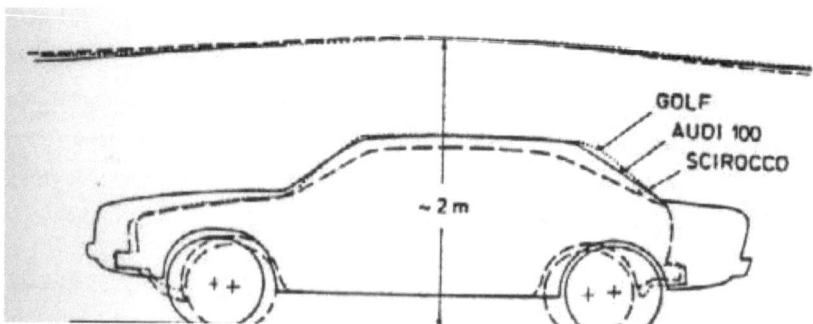

Bild 10 Vergleich von Stromlinienverläufe unterschiedlicher Fahrzeuge [14]

Mit dieser Art stromlinienförmig ausgebildeter Wände und bei einer Versperrung von 20 % erhält man das gleiche Ergebnis wie in einer Messstrecke mit parallelen Wänden bei nur 5 % Versperrung.

Diese stromlinienförmige Messstrecke empfiehlt sich besonders für Klimakanäle der größeren Klasse (Düsenquerschnitt von 10m² aufwärts). Ein Nachteil ist die teure Herstellung dieser Art. [14]

Eine echte Alternative zu den stromlinienförmigen Messstreckenwänden ist das von Sverdrup Technologie, Inc. vorgestellte Konzept der anpassungsfähigen Wände (Bild 11). Dieses Konzept („Adaptive-Walls") basiert auf die Anpassung der Strömung an den Windkanalwänden, die so erfolgt, dass das gleiche Stromlinienbild wie bei Straßenversuchen entsteht.

Die kleinere Versperrungskorrektur, die deutlich größere Versperrung gegenüber herkömmlichen Messstrecken und der geringe Bauaufwand des Windkanals gelten als Vorteile dieser Variante, die jedoch nur an Modellwindkanälen praktiziert worden ist.

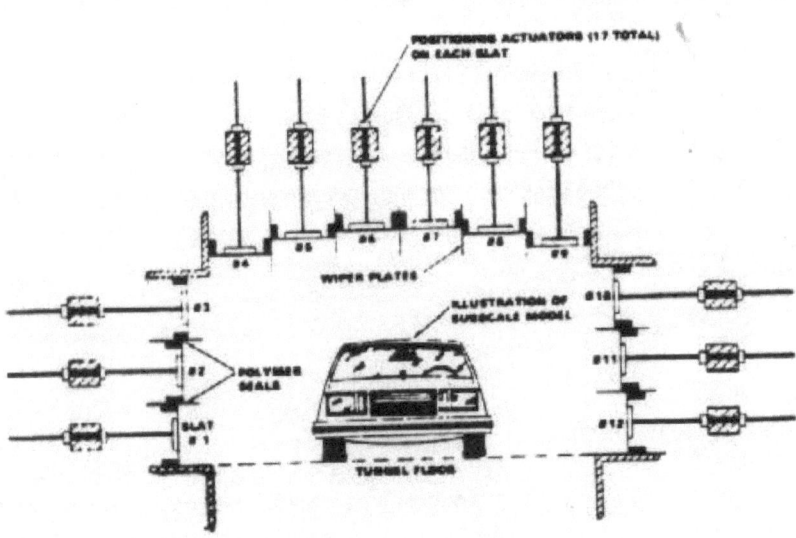

Bild 11 Konzept der anpassungsfähigen Wände (Adaptive-Walls) [15]

3.4 Slotted Walls

Mit der geschlitzten Messstrecke (Bild 9d), wird versucht, die Vorteile der offenen (geringerer Versperrungseinfluss durch das Testobjekt) und der geschlossenen Messstrecke (Vermeidung einer freien Strahlgrenze) zu vereinen, ohne deren Nachteile in Kauf nehmen zu müssen. Dabei muss das Öffnungsverhältnis (freie Oberfläche zu abgedeckter Oberfläche) durch Kalibriermessungen (meist mit Modellwindkanälen) so abgestimmt werden, dass die Druckverteilung derjenigen in der freien Atmosphäre möglichst nahe kommt. [4], [5], [13]

Die Messstrecke darf verhältnismäßig lang sein, da hier keine Verkleinerung des Strahlkerns, wie es bei der offenen Messstrecke der Fall ist, stattfindet. Dabei wird ihr Druckverlust reduziert, was höhere Geschwindigkeiten, mit der gleichen Gebläseleistung, zur Folge hat. Die statische Druckverteilung dagegen ist ähnlich derjenigen der geschlossenen Messstrecke. [4], [16], [17]

Die Vorteile dieser Bauart, die seit Anfang der 60er Jahre in transsoischen Windkanälen verwendet wird, bestehen darin, dass der Düsen- bzw. Strahlquerschnitt relativ klein sein kann, d.h. die Versperrung darf größer sein. Dadurch werden Bauraum, Leistungsbedarf und Betriebskosten gering gehalten. Ferner lässt sich diese Messstrecke ohne besondere Schwierigkeiten in die meisten existierenden Freistrahl-Windkanäle einbauen.

4.0 Aerodynamische Waage

Eine der wesentlichen Aufgaben im Windkanal ist die Messung von aerodynamischen Kräften. Dies sind die durch die Strömung verursachten Luftwiderstands-, Seiten- und Auftriebskräfte sowie Nick-, Roll- und Giermomente. Um diese 3 Kräfte und 3 Momente eindeutig definieren zu können, ist die Festlegung eines Koordinatensystems (Bild 12) notwendig. Dies wurde bisher noch nicht vereinheitlicht. Daher können, wenn Ergebnisse untereinander verglichen werden, wegen unterschiedlicher Definitionen Fehler unterlaufen.

Zur Messung dieser 3 Kräfte und 3 Momente wird eine hochauflösende 6-Komponenten-Waage benötigt. Wenn das Fahrzeug nur in Richtung seiner Längsachse angeströmt wird, reicht die Messung von Luftwiderstand, Nickmoment und Auftrieb. Für solche Messungen ist eine 3-Komponenten-Waage ausreichend. Die aerodynamischen Waagen müssen in der Konstruktion einige Voraussetzungen erfüllen:

- Die Waage darf die Umströmung des Testobjektes nicht verändern
- Die Messung der Kräfte und Momente muss weglos geschehen
- Eine hohe Messgenauigkeit muss gewährleistet sein
- Im Falle von 6-Komponenten-Messungen muss die ganze Einrichtung um die Z-Achse drehbar sein, das Koordinatensystem muss dabei fahrzeugfest bleiben
- Während der Messungen muss die Kraftübertragung zu den Messdosen reibungslos geschehen

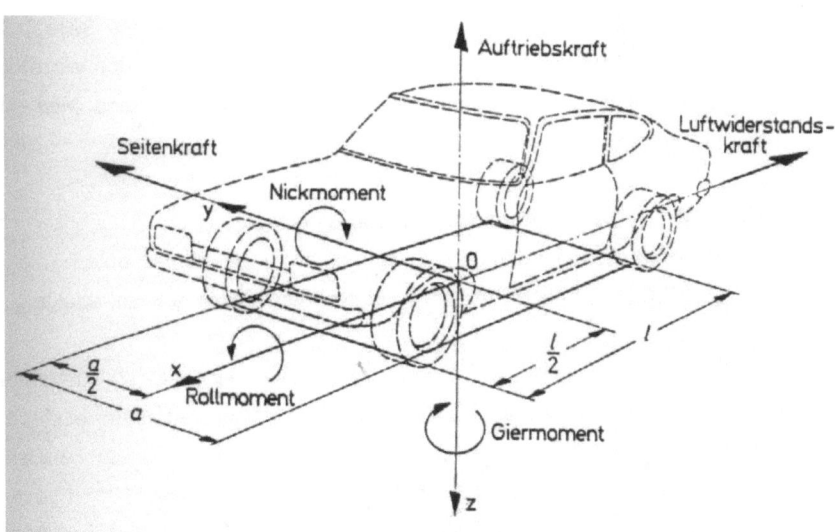

Bild 12 Koordinatensystem für aerodynamische Kraftmessungen [12]

Um die auf das Fahrzeug wirksamen Kräfte und Momente auf die Waage zu übertragen gibt es folgende Möglichkeiten, abhängig von ihrer Bauweise:

- Das Versuchsfahrzeug wird auf einer Plattform aufgebaut. Die während des Versuches entstehenden Kräfte und Momente werden über deren Aufhängung auf Kraftmesszellen übertragen und dort gemessen.
- Die Räder des Fahrzeuges stehen auf 4 separaten Plattformen. Die an den einzelnen Rädern gemessenen Kräfte (achsparallel) werden dann zu den oben definierten Kräften und Momenten zusammengefasst.
- Der Aufbau der Waage ist ähnlich wie oben. Dabei werden nur die Auftriebskräfte an den 4 Rädern direkt gemessen. Seitenkraft, Giermoment und Widerstandskraft werden über den Schwimmrahmen gemessen, der die 4 Plattformen trägt und gegenüber dem bodenfesten Rahmen reibungslos gelagert ist (s. Bild 13)
- Das Messobjekt wird an 4 Seilen aufgehängt und durch 2 weitere Seile in X-Richtung und Y-Richtung festgehalten. Durch Messung der an den einzelnen Seilen entstehenden Kräfte können die resultierenden Kräfte und Momente ermittelt werden.

Die Messung der Kräfte kann rein mechanisch (die Verschiebung der Waagegewichte wird als Maß für die gemessenen Größen genommen) oder elektromechanisch (die zu messenden Kräfte werden mittels Hebelarmen auf Kraftmessdosen geleitet) erfolgen.

In Automobilwindkanälen werden ausschließlich Standwaagen eingesetzt, die unterhalb der Messstrecke in einer Drehscheibe, aber auf getrennten Fundamenten, eingebaut sind (Unterflurwaagen). Dabei erscheinen im Boden der Messstrecke und höhengleich mit diesem nur vier Aufstandsplatten, worauf das Fahrzeug mit seinen Rädern gestellt wird. Neben der einfachen Modellmontage bieten diese Waagen den großen Vorteil, dass keine Aufhängekorrekturen ausgeführt werden müssen. Es ist lediglich eine Korrektur des Auftriebes an den Aufstandsplatten erforderlich, da das Strömungsfeld um die Räder ein Druckfeld auf den Platten hervorruft. Die Messung wird damit um einen Kraftanteil verfälscht, der der Druckdifferenz zwischen der Ober- und Unterseite der Platten entspricht. Dieser von den gemessenen Auftriebskräften abzuziehende Kraftanteil kann durch gleichzeitige Messung der statischen Druckverteilung auf den Platten abgeschätzt und berücksichtigt werden. Oft werden solche Korrekturen vermieden, indem man nur wenig größere Plattenoberflächen als die Aufstandsfläche der Reifen anfertigt. Durch zusätzliche Aufbauten ist der Einsatz von Unterflurwaagen auch für Messungen an Krafträdern möglich. [18]

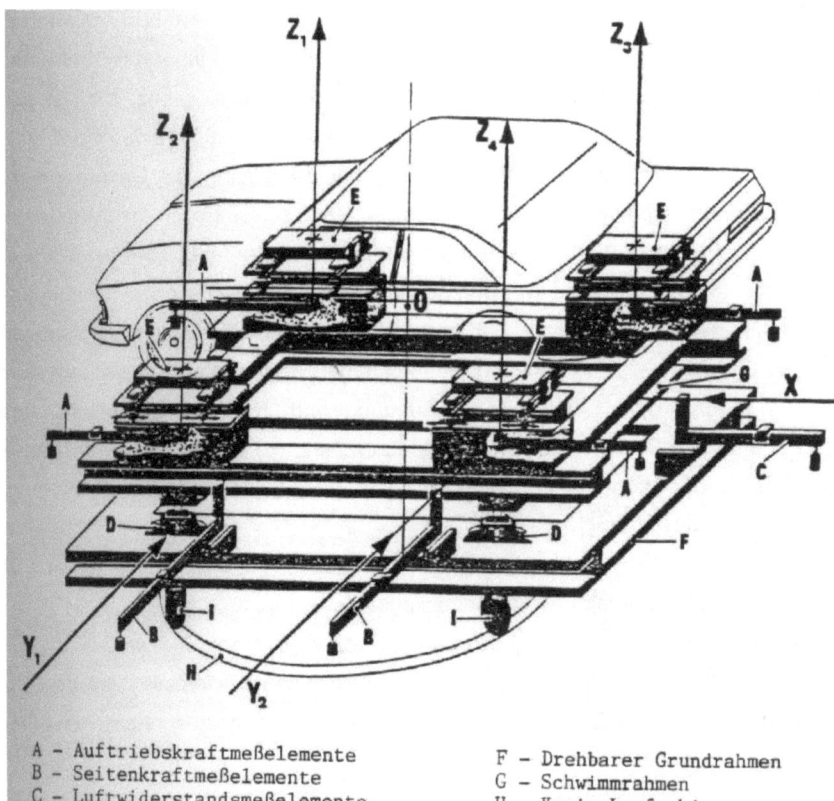

A – Auftriebskraftmeßelemente
B – Seitenkraftmeßelemente
C – Luftwiderstandsmeßelemente
D – Ölkissen
E – Bewegliche Aufstandsplatten

F – Drehbarer Grundrahmen
G – Schwimmrahmen
H – Kreis-Laufschiene
I – Stutzräder

Bild 13 Aerodynamische Windkanalwaage [12]

5.0 Bodengrenzschicht

Die Relativbewegung zwischen Straße und Fahrzeug wird bei Windkanalversuchen nur in Ausnahmefällen dargestellt. In der Regel wird als Fahrbahn der ebene Messstreckenboden verwendet. Durch die dort entstehende Grenzschicht (Wirkung der Reibung auf eine dünne bodennahe Schicht) ergibt sich ein gegenüber der Straßenfahrt geändertes Strömungsfeld. Am Boden (und Wänden bei geschlossener Messstrecke) haftet die Strömung, während sie am Grenzschichtrand und in einer bestimmten Entfernung vom Boden bzw. von der Wand (Grenzschichtdicke), die Geschwindigkeit der freien Außenströmung erreicht (Prandtlsche Grenzschichthypothese). Außerdem werden Grenzschichten oberhalb einer bestimmten Reynolds-Zahl turbulent, wobei die Wandschubspannung zunimmt. Unregelmäßige Geschwindigkeitsschwankungen bewirken einen Impulsaustausch, der beträchtlich größer ist als der bei laminarer Strömung. Der Übergang von laminarer zu turbulenter Strömung wird beeinflusst durch Störungen in der reibungsfreien Außenströmung und in der Grenzschicht, unter anderem durch den Druckgradienten, die Bodenrauheit, die Bodentemperatur und die Kompressibilität der Strömung. [12], [18]

Insbesondere in Kanälen mit geschlossener Messstrecke sind Grenzschichteffekte von Bedeutung, da mit zunehmender Messstreckenlänge auch die Grenzschicht wächst (s. Bild 14), was zu einer Einschnürung des Strahles von allen Seiten und dadurch zu einer Beschleunigung der Strömung führt (Konti-Gleichung). Deshalb werden bei geschlossener Messstrecke die Wände leicht divergierend ausgeführt um diese wachsende Grenzschicht zu kompensieren.

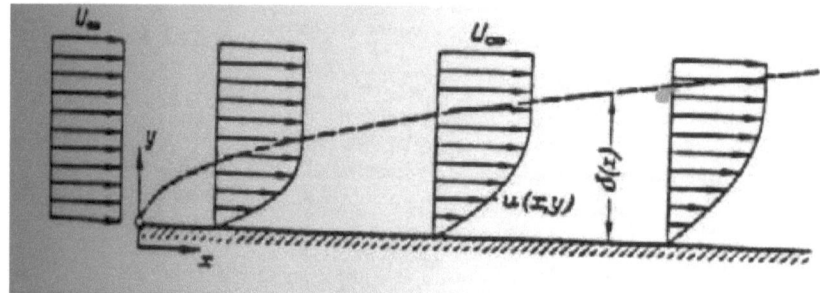

Bild 14 Grenzschicht einer längs angeströmten ebenen Platte [12]

Durch Pitotrohre oder Hitzdrahtsonden, die in einer entsprechenden Halterung so montiert werden müssen, dass der Abstand der Sonde zum Boden (Wand) in kleinen Schritten (oder stufenlos) verändert und gemessen werden kann, ist die Erfassung der Grenzschichtdicke im Windkanalboden möglich.

Es sind eine Reihe von Vorschlägen gemacht worden, die Relativbewegung zwischen Straße und Fahrzeug im Windkanal zu verbessern. Diese sind in Bild 15 zusammengestellt.

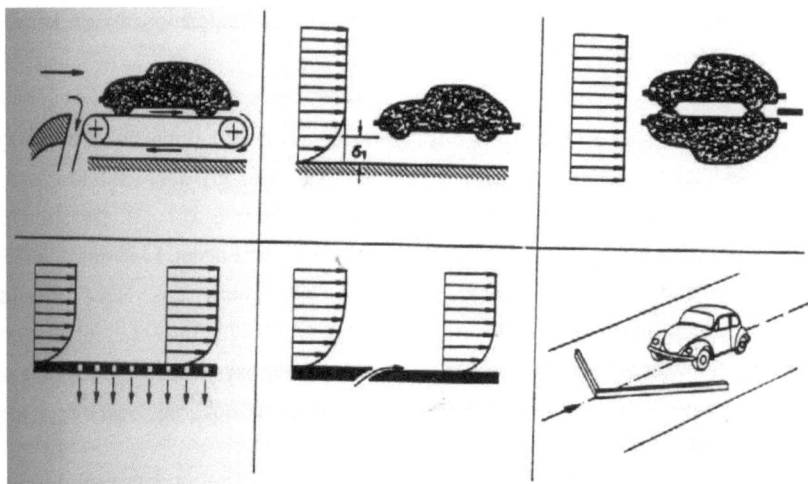

Bild 15 Möglichkeiten zur Fahrbahnsimulation im Windkanal [12]

Die technisch konsequenteste Lösung der Fahrbahnsimulation ist die Verwendung eines mitlaufenden Bandes. Die Bandgeschwindigkeit soll dabei gleich der Strömgeschwindigkeit sein. Damit kann die Bodengrenzschicht nahezu vollständig abgebaut werden, wobei die Montage des Modells über dem rollenden Band, vor allem bei Modellen in Großausführung, Schwierigkeiten bereitet. Eine Tendenz des Bandes zum Flattern oder zum Abheben kann durch Anwendung einer speziellen Absaugeinrichtung unterhalb des Bandes kontrolliert werden. In den notwendigen Spalt zwischen Rädern und Band kommt außerdem eine Strömung zustande, die größer ist als der Einfluss der Bodengrenzschicht. Dadurch entsteht ein Fehler im Widerstand und vor allem im Auftrieb. Eine Unterflurwaage wie sie heute allgemein üblich ist, lässt sich somit nicht ohne weiteres einbauen. Deswegen wurde von J. Potthof vorgeschlagen, die Breite des mitlaufenden Bandes auf den Raum zwischen den Rädern zu beschränken. Das Fahrzeug kann dann mit seinen Rädern auf den Aufstandsplatten der Waage ruhen. [19]

Ein weitere Möglichkeit zur Fahrbahnsimulation stellt ein Anheben des Fahrzeuges um den Betrag der Verdrängungsdicke der Bodengrenzschicht dar (etwa 1/6 der Grenzschichtdicke einer turbulenten Grenzschicht). Bei diesem Verfahren entstehen Probleme, wenn durch das Anheben des Fahrzeuges die Bodeninterferenz gestört wird. Der entstehende Fehler ist dann größer als der Effekt der Grenzschicht. Der Widerstands- und Auftriebsbeiwert nehmen stark zu, bei steigendem ‚Bodenabstand; ein Verzicht auf das Anheben zur Folge hat. Allenfalls für Modellmessungen kann ein Anheben des Modells von Vorteil sein. [9], [19]

Die Technik der spiegelsymmetrischen Aufhängung von zwei identischen Fahrzeugen ist nicht praktikabel. Diese Methode basiert auf die Theorie, dass mit identischen Modellen und laminarer Strömung eine Symetrieebene der Strömung zwischen den beiden zustande kommt, was in der Praxis allerdings nie der Fall ist. Man kann lediglich den Luftwiderstand und die Seitenkraft messen, aber nicht das Roll- oder das Nickmoment. Auch die Erfassung der Auftriebskräfte ist somit schwierig. Neben den in aufgeführten Schwierigkeiten ist ferner zu beachten, dass ein zweites Modell und falls die Versperrung nicht verändert werden soll, ein Windkanal von doppeltem Strahlquerschnitt benötigt werden.

Das Absaugen der Grenzschicht ist eine geeignete Methode die Grenzschichtdicke zu reduzieren, wobei die abgesaugte Luftmenge nach der Messstrecke wieder der Strömung zugeführt wird. Der wesentliche Vorteil dieser Methode, gegenüber den des mitlaufenden Bandes, liegt an die Verhältnismäßigkeit interferenzfreie und einfache Montage des Prüflings in der Messstrecke. Für einen Automobilwindkanal kommt nur die Absaugung durch einen Schlitz oder durch einen schmalen Streifen porösen Bodenbleches im vorderen Bereich der Messstrecke in Frage.

Das Ausblasen von Luft vor der Messstrecke ist ebenfalls ein geeignetes Mittel, die Grenzschichtdicke zu verkleinern. In einer untersuchten Entfernung von etwa 2,1m stromabwärts der Düsenreihe wird der Impulsverlust der Grenzschicht nahezu vollständig ausgeglichen.

Mit pfeilförmig angeordneten Stolperleisten lässt sich die Grenzschichtdicke halbieren. Diese Maßnahme wirkt sich allerdings auf die Kräfte und Momente an Fahrzeugen mit verkehrsüblichem Bodenabstand nicht merklich aus.

6.0 Vergleiche von verschiedenen Windkanalbauarten

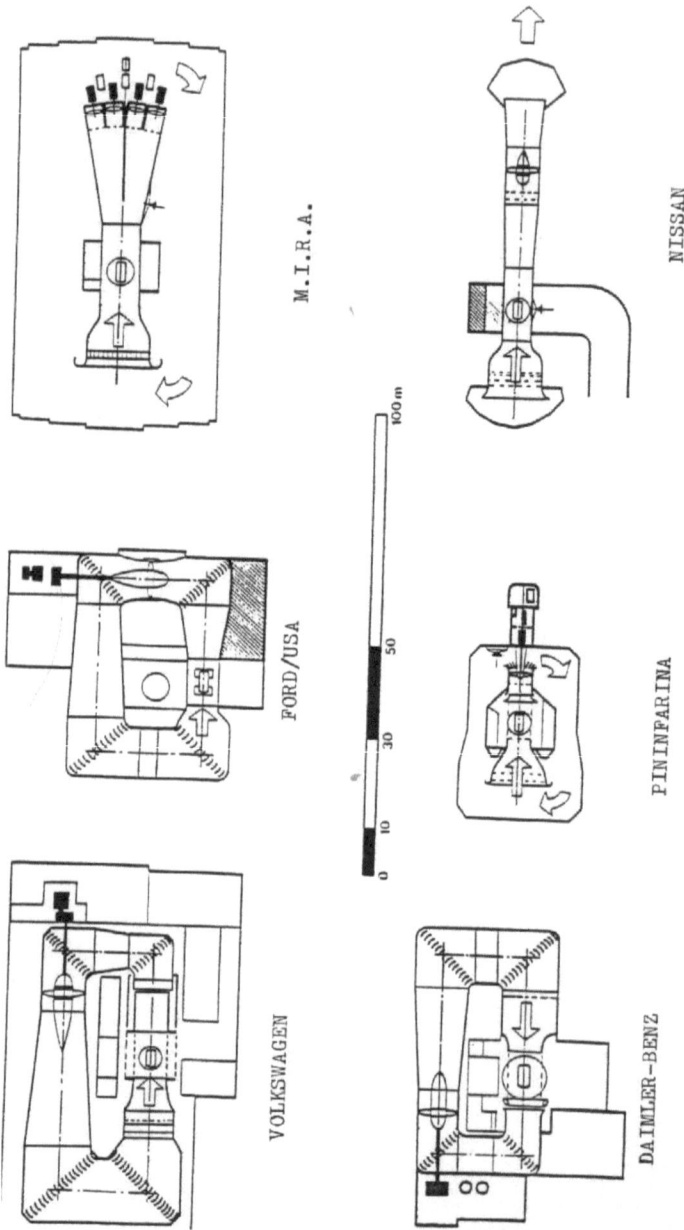

Bild 16 Größenvergleich zwischen verschiedenen Automobilwindkanälen [13]

7. Literaturverzeichnis

[1]   http://de.wikipedia.org/wiki/Ludwig_Prandtl (04.08.2006)

[2]   http://de.wikipedia.org/wiki/Gustave_Eiffel (04.08.2006)

[3]   http://www.npl.co.uk/ (15.08.2006)

[4]   Kramer, C.
      Wind Tunnel Test in Vehicle Aerodynamics
      Lecture Series 2005-05
      Vehicle Aerodynamics 2005

[5]   Kramer, C., Gerhardt, H.J., Grundmann, R.
      Auslegung von von Freistrahlmessstrecken für Fahrzeugwindkanäle
      Haus der Technik e.V. 1987

[6]   Wallner, H.R.
      Windkanäle, Klimakanäle – Die Kälte und Klimatechnik
      1984

[7]   Hucho, W.-H.
      Aerodynamik des Automobils
      Vogel Verlag, 1. Aufl.
      Würzburg 1981

[8]   Wuest, W.
      Strömungsmesstechnik
      F. Vieweg Verlag
      Braunschweig 1969

[9]   Pankhurst, R.C., Holder, D.W.
      Wind Tunnel Technique
      Sir Isaac Pitmann & Sons
      London 1965

[10] Rehbein, U., Hoffmann, R.
      Schallabsorbierende Auskleidung in der Messhalle
      Construction 1976-1980
      DNW-Bericht 1982

[11] http://www.audi.de/audi/de/de2/neuwagen/technologie/forschung/
      Windkanal_Zentrum.html (17.08.2006)

[12] Hucho, W.-H.
      Aerodynamik des Automobils
      3. Auflage
      VDI-Verlag 1994

[13]   Kramer, C., Gerhardt, H.J., Regenscheit, B.
        Wind Tunnels for Industrial Aerodynamics
        Journal of Wind Engineering and Industrial Aerodynamics
        16/1984

[14]   Stafford, L.G.
        A Streamline Wind-Tunnel Working Section for Testing at High Blockage Ratios
        Journal of Wind Engineering and Industrial Aerodynamics
        9/1981

[15]   Whitfield, J.D., Jacocks, J.L., Dietz, W.E., Pate, S.R.
        Demonstration of the Adaptive-Wall Concept Applied to an Automotive
        Wind Tunnel
        SAE-Paper 820373
        Detroit 1970

[16]   Kraemer C., Gerhardt, H.J., Janssen, L.J.
        Flow Studies of an Open Jet Wind Tunnel and Comparison with Closed
        and Slotted Walls
        Journal of Wind Engineering and Industrial Aerodynamics
        22/1986

[17]   Waudby-Smith, P.M., Rainbird, W.J.
        Some Principles of Automotive Aerodynamic, Testing in Wind Tunnels
        with Examples from
        Slotted Wall Test Section Facilities
        SAE-Paper 700035
        Detroit 2005

[18]   Pischinger, F.
        Verbrennungsmotoren
        Vorlesungsumdruck der RWTH-Aachen
        4. Aufl. 1980

[19]   Potthoff, J.
        Die neue Kraftfahrzeug-Windkanalanlage der Universität Stuttgart am Institut für
        Verbrennungsmotoren
        Haus der Technik E.V.
        Veranstaltungsunterlagen Aerodynamik des KFZ
        3.-4. Nov. 1987

[20]   http://images.google.de/imgres?imgurl=http://www.deutsches-museum.de
        /uploads/pics/036_plakat.jpg&imgrefurl=http://www.deutsches-
        museum.de/sammlungen/ausgewaehlte-objekte/meisterwerke-
        iii/motorflugzeug/&h=165&w=237&sz=21&hl=de&start=11&um=1&tbnid=6Zp5FEi
        uSxuSOM:&tbnh=76&tbnw=109&prev=/images%3Fq%3Dwright%2Bflugmaschin
        e%26um%3D1%26hl%3Dde%26sa%3DN (23.08.2006)

Allgemeine Literatur

Janssen, L.J., Dömeland, P., Lindener, N.
The New BMW Acoustic Wind Tunnel
SAE-Congress
Detriot 1982

Egle, S., Herzum, N., Hofele, G. Konitzer, H.
Wind Tunnel for Aerodynamic Research
SAE-Paper 820372
Detroit 1982

Schultz, K.-J.
Der Deutsch-Niederländische Windkanal als aeroakustische Versuchseinrichtung
DFVLR-Nachrichten, Heft 34
Nov. 1981

Bohl, W.
Ventilatoren
Vogel Buchverlag
Detroit 1986

Mörchen, W.
The Climatic Wind Tunnel of Volkswagenwerk AG
SAE-Paper 680120
Detroit 1968

Wuest, W.
Strömungsmeßtechnik
F. Vieweg-Verlag
Braunschweig 1969

8. Bildverzeichnis